我爱昆虫记 8

我们的世界大战

纸上魔方 编绘

海燕出版社

神奇的昆虫王国

　　地球上的昆虫共同组成了一个庞大的昆虫家族，这些无处不在的小虫子，踪迹遍及全世界的各个角落。

　　我们常见的昆虫体形一般小巧，却有着异常顽强的生命力。什么原因使得它们经久不亡？昆虫是如何出生入死的？它们怎样相亲、找对象？它们怎样享受丰盛的宴席？它们有着哪些奇妙的本领？昆虫世界会不会发生激烈的大混战？……让我们一同探究神秘的昆虫王国吧！

古时候的昆虫长什么样?

地球上最早的昆虫大约出现在距今4亿年前，也就是古生代时期。时光转到中生代，长翅膀的昆虫出现了。据说，原始蜻蜓的体格非常健壮，它双翅展开的长度可达到28厘米。这是因为，当时大地上不仅植物生长旺盛，而且昆虫的天敌种类稀少，这样的自然环境十分有利于昆虫的生息繁衍。

但是，在漫长的岁月长河里，昆虫的天敌越来越多，为了躲避敌害，它们的身体发生了很大变化。

3

昆虫和虫子是一回事吗?

　　答案显然是否定的，昆虫绝不等于虫子，准确地说，虫子的概念比昆虫大，而且不止大一点点。我们说蜘蛛是虫子，但它不是昆虫。因为蜘蛛的身体分为头胸部和腹部两部分，而昆虫的身体分为头部、胸部、腹部三个部分；蜘蛛有8条腿，而昆虫只有6条腿……

昆虫也有自己的王国

目前世界上已知的昆虫种类超过了92万种，它们堪称一个庞大的王国。如果按照进食特点划分，可以把昆虫分为植食性、肉食性、杂食性、腐食性等类别。

植食性昆虫如蝉、蟋蟀、天牛等，吃植物性食物。

肉食性昆虫如多种瓢虫、草蛉、各种寄生蜂等，吃动物性食物。

杂食性昆虫如蜜蜂、蝈蝈、蟑螂等，既吃动物性食物，也吃植物性食物。

腐食性昆虫如苍蝇、蜣螂等，以腐烂的物质为食。

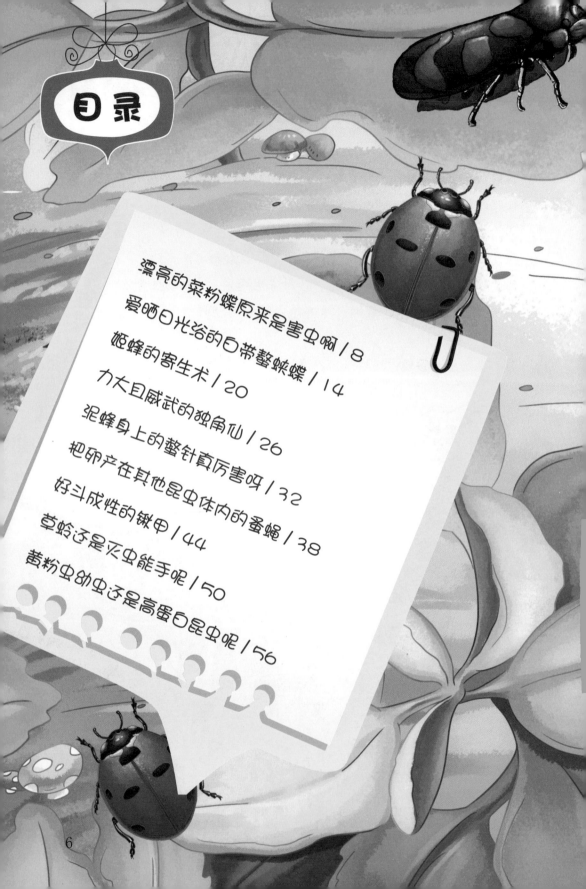

目录

漂亮的**菜粉蝶**
原来是害虫啊

観察笔记

食物：花蜜

居住地：蔬菜上、花朵上

　　春秋季节，在花丛中或者菜园中经常能看到菜粉蝶的身影。菜粉蝶也叫菜白蝶，它们喜欢吃花蜜，所以在无形之中也起到了给花授粉的作用。但菜粉蝶的幼虫就非常可恶了，它们专门吃菜叶，而且咬食的速度非常快，会造成蔬菜减产。

在春季或者秋季，我们经常能在菜园里看到很多白色的蝴蝶翩翩起舞，这些蝴蝶就是菜粉蝶。

菜粉蝶一般在白天活动，特别是在晴天的中午前后最为活跃。在北方，每年春天见到的第一只蝴蝶一般都是菜粉蝶。

菜粉蝶以植物为食，主要是一些蔬菜，比如甘蓝、花椰菜等。菜粉蝶也有很多天敌，比如螳螂、蜘蛛、寄生蜂、蟾蜍等。当菜粉蝶飞入螳螂的捕食范围时，螳螂就会立即做好准备，只见它将头转向菜粉蝶停落的方向，眼睛紧紧盯着猎物。然后，螳螂的前爪收得紧紧的，重心移到后面，但眼睛始终看着菜粉蝶。

等找到合适的机会时，螳螂就会用极快的速度将菜粉蝶紧紧抓住，将前爪深深地刺进菜粉蝶的身体。可怜的菜粉蝶只顾着采食甜甜的花蜜了，丝毫没有注意到后面的危险，就这样成了螳螂的美餐。

爱晒日光浴的
白带螯蛱蝶

食物：植物汁液、发酵的水果、动物粪便

居住地：芸香、豆类等植物的叶子上

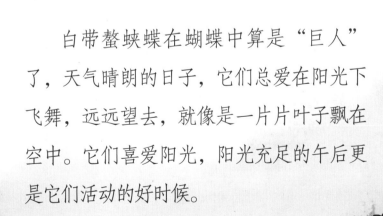

白带螯蛱蝶在蝴蝶中算是"巨人"了，天气晴朗的日子，它们总爱在阳光下飞舞，远远望去，就像是一片片叶子飘在空中。它们喜爱阳光，阳光充足的午后更是它们活动的好时候。

　　白带螯蛱蝶的翅膀很漂亮，艳丽多彩，但这只是它们的一面。其实，在翅膀的另一面，它们都有保护色。如果白带螯蛱蝶在树上静止不动，会让人误以为它是一片枯叶。

　　白带螯蛱蝶中的雄蝶在保卫家园时可毫不含糊，它们的地域性极强，而且非常较真。它们不允许任何昆虫，包括蝴蝶在内进入自己的领地。

　　一只其他种类的蝴蝶若不小心闯进了雄性白带螯蛱蝶的领地范围，它就大发脾气，竖起触角，向对方怒目而视。可是，那个闯入者却非常不识趣，偏要进来。这时，雄蝶便扇着美丽的翅膀，用自己的身体撞向对方，直到赶走对方为止。

当然，有一些小昆虫看到雄蝶发怒后，往往会主动退出。虽然雄蝶在保卫家园上常施以暴力，但它们对雌蝶却非常温柔。假如雌蝶不出现，它们就会一直在树梢上等待，直到雌蝶出现！

姬蜂的寄生术

食物：毛虫、蜘蛛、甲虫或者甲虫的幼虫

居住地：幼虫多寄生在甲虫、蝇类、蛾类幼虫以及蜘蛛的身上或者体内

在昆虫世界的蜂类中，有一种蜂的雌蜂尾后有两条彩带一般的长丝，再加上两条细长的触角和美丽的翅膀，飞翔的时候，身体摇曳多姿，非常好看，因而得名姬蜂。其实，这长丝是雌蜂的产卵器。

21

姬蜂是一种寄生蜂，其寄生本领非常高，就连那些躲藏在厚厚的树皮底下的昆虫也难以逃脱。

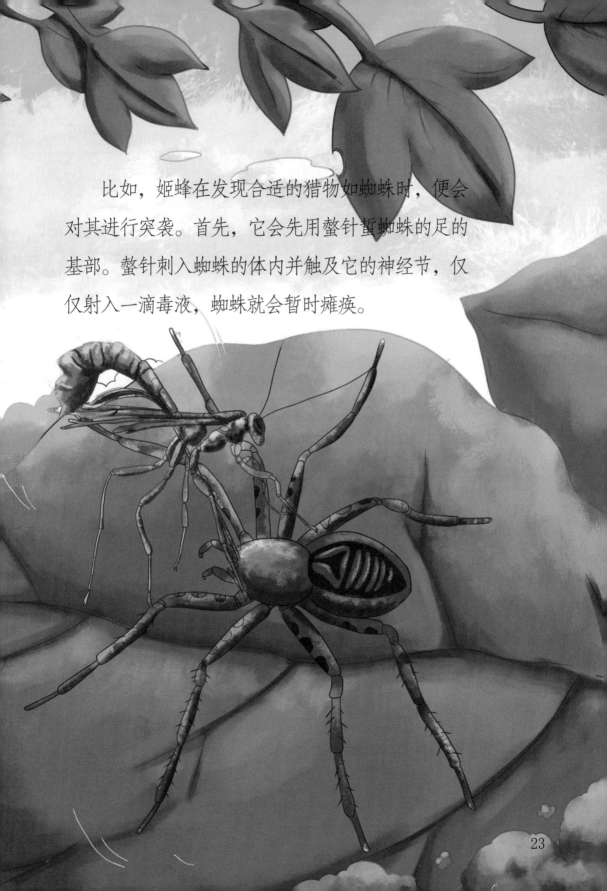

比如，姬蜂在发现合适的猎物如蜘蛛时，便会对其进行突袭。首先，它会先用螫针螫蜘蛛的足的基部。螫针刺入蜘蛛的体内并触及它的神经节，仅仅射入一滴毒液，蜘蛛就会暂时瘫痪。

于是，姬蜂就会利用其暂时失去知觉的机会，在它的头胸部或者腹部产卵。

　　虽然蜘蛛后来会恢复知觉，但因为其无法将姬蜂的卵取出，只能任由孵化的姬蜂幼虫吸取其营养，最后因营养被吸干而死。

力大且威武的
独角仙

观察笔记

食物：树液、熟透的水果

居住地：树木上

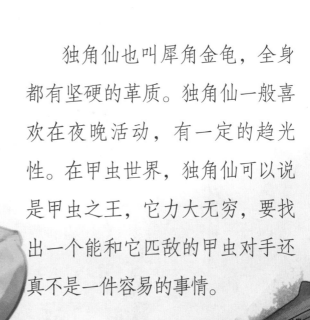

独角仙也叫犀角金龟，全身都有坚硬的革质。独角仙一般喜欢在夜晚活动，有一定的趋光性。在甲虫世界，独角仙可以说是甲虫之王，它力大无穷，要找出一个能和它匹敌的甲虫对手还真不是一件容易的事情。

27

独角仙因为有一个大角，所以身体显得头重脚轻，走起路来步履蹒跚。独角仙不但长得威武雄壮，而且非常喜欢打斗，尤其是雄性独角仙，其主要的对手就是它的同类。雄性独角仙绝对不允许它的同类在自己的地盘上取食，所以战斗总是一触即发。

那么，独角仙打斗、御敌的武器是什么呢？就是它头上的那个巨大的角。它们的打斗方式也比较有意思，双方会利用自己的角相互攻击。到最后，力气较大的一只会将自己的角快速地插到对方的腹部下面，然后将其高高地举起来，把对方扔出去。

假如有雌性独角仙在场，打斗会更加激烈。战败者不是灰溜溜地逃走，就是在一瞬间被掀翻。据说，日本人非常崇拜独角仙，而且仿照独角仙的头部形状做成了日本武士的头盔。

泥蜂身上的螫针真厉害呀

观察笔记

食物：花粉，小昆虫以及蜘蛛、蝎子等

居住地：洞穴中、树枝上

泥蜂是蜂的一个类群，因为它们是在土中或用泥土建巢的，所以被称为泥蜂。可不要小看它们哟，它们还是技术精湛的建筑师呢。它们建造的泥巢有好几层。但泥蜂和其他的蜂有一定的区别，就是它们一般不群居，而是单独生活。

大多数的泥蜂经常会捕捉一些虫子作为自己幼虫的食物，比如蜘蛛、蝎子等。其捕猎的范围根据泥蜂的种类不同而不同。但也有少数的泥蜂具有寄生性。泥蜂将猎物捕获后，会放置在巢室内，在猎物上产卵，然后将巢室封闭，幼虫孵化后便可取食猎物。有的幼虫孵化后由雌蜂喂养，而且雌蜂经常给幼虫更换新猎物。

在泥蜂中，有一类叫杀蝉泥蜂。听到这个名字，大家就应该知道，杀蝉泥蜂一定是蝉的天敌了。没错，杀蝉泥蜂自有一套杀蝉的技艺。

虽然杀蝉泥蜂的身体比蝉还要小，但是蝉根本就不是它的对手，这还要得益于泥蜂身上的那根有毒的螫针。杀蝉泥蜂会将螫针刺进蝉的身体，这样蝉就会被麻痹，杀蝉泥蜂便将蝉带回巢内，供幼虫取食。虽然杀蝉泥蜂的名字听起来有点吓人，但在没有受到威胁的时候，它是不会主动攻击人类的。

把卵产在其他昆虫体内的**蚤蝇**

观察笔记

食物：动物粪便、腐败的植物等

居住地：植物上

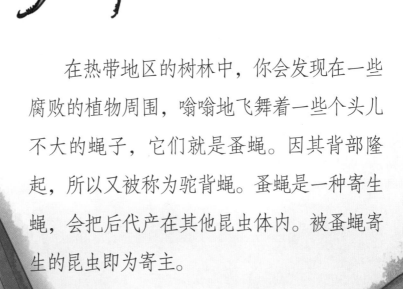

在热带地区的树林中，你会发现在一些腐败的植物周围，嗡嗡地飞舞着一些个头儿不大的蝇子，它们就是蚤蝇。因其背部隆起，所以又被称为驼背蝇。蚤蝇是一种寄生蝇，会把后代产在其他昆虫体内。被蚤蝇寄生的昆虫即为寄主。

蚤蝇是子弹蚁（一种蚂蚁）的克星。虽然子弹蚁的体形比蚤蝇大100倍还多，但是勇敢的蚤蝇还是敢于挑战这种庞然大物。

　　当子弹蚁"招摇过市"的时候，蚤蝇会以极快的速度落在子弹蚁的身上，把卵产在子弹蚁的体内，然后它就"逍遥"地飞走啦，美美地等待着自己的宝宝降生。

蚤蝇的卵在子弹蚁的体内慢慢长大，吸食子弹蚁身体内的营养物质，子弹蚁的行动越来越迟缓，最终身体被蚤蝇的后代吸食干净，只剩下一具空壳。

对于子弹蚁来说，蚤蝇是可怕的天敌，但是对于蚤蝇来说，这是它们繁衍后代、延续种族的方式，这是自然现象。

43

好斗成性的
锹甲

44

食物：树皮、嫩树枝、树汁、蜂蜜

居住地：树桩及树根处

锹甲的身体呈椭圆形或者卵圆形，披着一身黑色或褐色的外衣。锹甲喜爱夜行，它们白天呼呼大睡，到了晚上才出来找吃的。树皮、嫩树枝、树汁、蜂蜜，这些都逃不过它们灵敏的嗅觉。由于锹甲长得有点怪，而且体格强壮，所以很多人都把它们当作宠物饲养。

　　雄性锹甲是非常喜欢打斗的甲虫之一，是甲虫界响当当的"甲虫角斗士"。为什么它们这么厉害呢？这是因为它们有非常发达的上颚，这是保证战斗胜利的有力武器。当它们立起上颚，可真是霸气十足，就像舞剑的战士一样，浑身充满了杀气。

　　只要一点点小事
就能激起雄锹甲的斗
志，比如食物，比如雌
锹甲……尤其是两只雄锹甲相遇的时候，往
往只是因为心情不好就能让它们打上一架。

那么，锹甲又是怎样用它的武器打斗的呢？一般来说，如果两只雄锹甲相遇，一开始，它们都会按兵不动，仔细观察对方，看看对方有没有什么弱点，一旦发现，就会用有力的上颚迅速发起攻击，不给对方防御的时间。其中一只锹甲会用上颚尽量夹住对方的头或者插到对方的身体下方，将对方掀翻在地，被掀翻的锹甲和被掀翻的乌龟一样，身体很难翻过来，最后，它就只能是输的一方了！

　　如果两只锹甲的力量不相上下，那么，这将会是一场持久战，两只锹甲谁的耐力更好，谁更机智，谁就掌握着战斗的主动权，胜利也会离它更近！

　　锹甲不仅喜欢和同类打斗，还喜欢和其他的动物打斗，像蜈蚣、蝎子等。锹甲真是天生的战斗者啊！

観察笔记

食物：蚜虫、介壳虫等昆虫

居住地：植物上

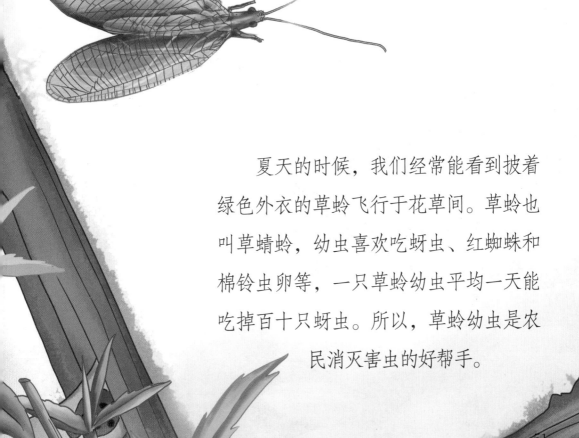

夏天的时候，我们经常能看到披着绿色外衣的草蛉飞行于花草间。草蛉也叫草蜻蛉，幼虫喜欢吃蚜虫、红蜘蛛和棉铃虫卵等，一只草蛉幼虫平均一天能吃掉百十只蚜虫。所以，草蛉幼虫是农民消灭害虫的好帮手。

草蛉幼虫是肉食性的，捕食能力都非常强。草蛉幼虫长得比较丑陋，但食量惊人，因此有"蚜狮"之称。草蛉幼虫除了吃昆虫成虫，还吃昆虫卵以及蛾类的幼虫。幼虫孵化出来以后，如果周围没有蚜虫当食物，幼虫还会互相残杀呢！

草蛉幼虫的上颚和下颚都很发达，组成一对弯管。它们的口器深深地刺入猎物体内后，会先注入消化液，再将猎物体内的汁液吸得干干净净。

54

有些草蛉的幼虫很善于自我保护，它们利用背上的钩和绒毛附着很多残屑，比如它把吃过的昆虫的尸体外壳背在身上，将自己伪装起来，这样就可以免受天敌的侵犯。

黄粉虫幼虫

还是高蛋白昆虫呢

观察笔记

食物：麦麸等

居住地：粮食仓库

　　黄粉虫也叫面包虫、麦皮虫，你可别以为它长得像面包哟。黄粉虫身体呈黄色，是一种高蛋白的昆虫。据研究，干燥的黄粉虫含蛋白质高达50%，所以被誉为"蛋白质饲料宝库"。

黄粉虫不仅可作动物饲料，而且人类也可以食用，其营养成分高于鸡蛋、牛肉、羊肉等动物性食品，且易于消化吸收。黄粉虫口感好、风味独特，可以烘烤、煎炸，或制成精

制蛋白粉等多种形式的食品。

黄粉虫幼虫和成虫都喜欢过集群生活，主要以粮食为食，人工饲养下以粮食加工后

蚜狮还是个"谋杀者"呢

的糠麸类及叶菜、根茎、瓜果等为食，也吃死蛹、死成虫及其他动物尸体，属于杂食性昆虫。

黄粉虫主要的天敌是老鼠、蟑螂、蜘蛛。幼虫及成虫遇到刺激或天敌时会倒地装死，一动不动，这是逃避敌害的一种适应性。

制蛋白粉等多种形式的食品。

黄粉虫幼虫和成虫都喜欢过集群生活，主要以粮食为食，人工饲养下以粮食加工后

的糠麸类及叶菜、根茎、瓜果等为食，也吃死蛹、死成虫及其他动物尸体，属于杂食性昆虫。

黄粉虫主要的天敌是老鼠、蟑螂、蜘蛛。幼虫及成虫遇到刺激或天敌时会倒地装死，一动不动，这是逃避敌害的一种适应性。

蚁狮还是个
"谋杀者"呢

观察笔记

食物：蚁等小型昆虫

居住地：干燥的地表下

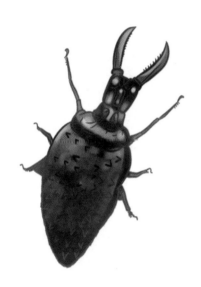

蚁狮也叫沙牛、土牛等，是蚁蛉的幼虫，外形看起来像蜘蛛。它捕猎的方法很特别，它会像人类挖陷阱一样挖出一个小沙坑，等待猎物掉进去。另外，蚁狮还有一个特别之处，就是它能以倒退方式前进，因此又被称为"倒退虫"。

在昆虫世界中，各种昆虫的捕食方式可以说是千奇百怪，蚁狮就是其中的一种。它是以一种"守株待兔"的方式去捕捉小蚂蚁等昆虫的。

64

蚁狮会在小昆虫的必经之地设下埋伏。首先，它会在沙子上挖出一个漏斗状的陷阱，自己躲在"漏斗"底部的沙子里，然后用它头上的一对大颚将沙子往外面抛，让"漏斗"的周围平滑。

当小蚂蚁等小昆虫不小心掉进陷阱时，蚁狮就立即从沙子中伸出那强大的大颚钳住猎物，并将颚管伸进猎物的体内，再将自己身体中产生的消化液注入猎物体内，然后吸食猎物体液。

还有一些蚁狮不挖陷阱，只是隐藏在沙子的下面，当它感觉到有猎物经过时，就会迅速地从沙子里向前冲出去追捕。捉到猎物后，就拖到沙子中吸食其体液。

蚁狮能耐饥，可以好几天不吃东西。

长戟大兜虫的
"相扑大赛"

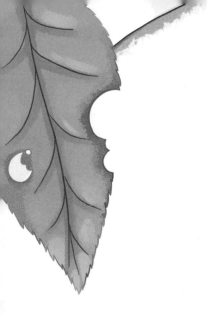

观察笔记

食物：树汁、腐烂的水果、甲虫

居住地：腐烂的木头里

　　长戟大兜虫是非常大的一种甲虫，可以长到18厘米长。这种昆虫的力气非常大，别看它们自身重量不大，却能托起比自己重300多倍的物体。所以，人们也叫它们"赫拉克勒斯大兜虫"。赫拉克勒斯是希腊神话中的大力士。不过，长戟大兜虫只在拉丁美洲的热带地区才有，在我国可找不到它。

长戟大兜虫的鞘翅颜色变化很大，有的亚种鞘翅颜色会随着年龄而变化，比如刚长大的长戟大兜虫的背甲呈淡黄色，等到它们成熟后就变成了黑色。而有的亚种鞘翅颜色会随着"心情"而变化，比如它们高兴时鞘翅是淡黄色的，愤怒时则变成黑色。

长戟大兜虫的雄虫之间经常会出现让人大开眼界的比赛——"相扑大赛"。这项大赛的起因通常是争夺地盘或者雌性长戟大兜虫。不过，不管因为什么，它们总是要时不时地打上一架。只见它们举起头上的大角，狠狠地向对方冲去，你不让我，我不

让你，打得不可开交。它们
不分出输赢是绝不会停下来的。如果有一
方不幸被另一方的角插中，并被扔出去，就说明它成了这
场大赛的失败者。毕竟，长戟大兜虫之间的比赛可没有什
么裁判，谁被插中扔出去谁就失败了。战败的一方不光会
失去地盘，还会失去雌性长戟大兜虫和食物。

善于模仿的
食蚜蝇

观察笔记

食物：花粉、花蜜、树汁

居住地：花朵上、树上

相信大家一看到食蚜蝇的名字，就会很自然地联想到苍蝇。但实际上，食蚜蝇可不是害虫，而是益虫。它的幼虫能捕食蚜虫；成虫经常在花间草丛中或者芳香的植物中飞舞，采食花蜜、花粉，并传播花粉，都有利于作物生长。

75

食蚜蝇非常喜欢阳光，经常在阳光充足的天气里出来活动。它在飞翔时能突然在空中静止然后又突然前进。

食蚜蝇长得和蜜蜂非常像，但它没有螫针，也没有叮咬能力。食蚜蝇自有一套保护自己的办法，那就是善于模仿。它在体形上、色泽上都和黄蜂或者蜜蜂相像，有时甚至还会模仿蜂类的蜇人动作呢！

大多数食蚜蝇成虫会将卵产在蚜虫密集的植物上，幼虫孵出后就会捕食周围的蚜虫。也正是这个原因，它才被称为食蚜蝇。食蚜蝇幼虫身体的前半部分伸缩自如，能做环状运动，四处寻找食物。

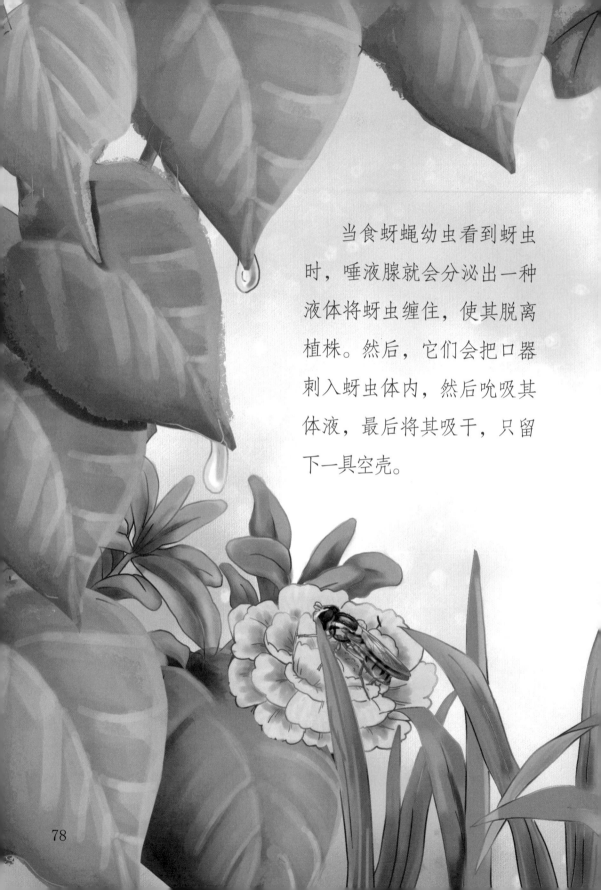

　　当食蚜蝇幼虫看到蚜虫时，唾液腺就会分泌出一种液体将蚜虫缠住，使其脱离植株。然后，它们会把口器刺入蚜虫体内，然后吮吸其体液，最后将其吸干，只留下一具空壳。

食蚜蝇幼虫的食量非常大，一般情况下，一只食蚜蝇的幼虫在化蛹之前要捕食几百只甚至上千只蚜虫。因此可以说，食蚜蝇幼虫是蚜虫的克星。

蝈斯还是昆虫中的
"音乐家"呢

观察笔记

食物：植物的嫩茎、叶、花

居住地：草丛里、灌木丛中

螽斯其实就是我们通常所说的蝈蝈。螽斯体形较大，身体为草绿色，外形和蝗虫比较相似，善于跳跃。雄虫在鸣叫的时候，左右两边的翅翼不断地振动，身体却不飞也不爬。因为雄虫能发出各种动听的鸣叫声，因此常被人作为宠物饲养。

蠡斯喜欢栖息在杂草、灌木中，日夜鸣叫，在白天高温的时候叫得最响亮。蠡斯的体色一般和生活环境相一致，这样就不容易被天敌发

现，利于保护自己。

　　螽斯经常隐伏在草丛或者植物的茎秆上。它的天敌主要有鸟类、鼠类以及蚂蚁、蜘蛛、螳螂等。

　　螽斯善于跳跃，要想捕捉到它可不是一件容易的事情。螽斯如果遇到天敌螳螂，该怎么办呢？

　　一旦遇到螳螂，螽斯也会表现出勇敢的一面，和螳螂争斗一番。

双方互不相让，都想赢取最后的胜利。但实际上，螳螂还是更胜一筹。但螽斯可不会轻易就放弃，假如螳螂只是捉住了它的一条腿，它会毫不犹豫地"弃腿保身"，断足逃跑。

龙虱为什么被称为
"水中杀手"呢

観察笔记

食物：小鱼虾、水生昆虫

居住地：水中

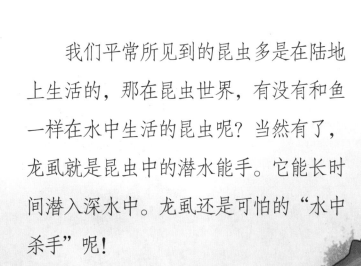

我们平常所见到的昆虫多是在陆地上生活的，那在昆虫世界，有没有和鱼一样在水中生活的昆虫呢？当然有了，龙虱就是昆虫中的潜水能手。它能长时间潜入深水中。龙虱还是可怕的"水中杀手"呢！

　　龙虱也被称为水龟子，不仅能在水中游动，还能在陆地上飞。龙虱体小灵活，后足上长着排列整齐的长毛，它就像一艘四桨的小游船。龙虱其实是非常凶猛的，不仅能吃小鱼、小虾和小蝌蚪等，就连比自己体积大几倍的鱼类和蛙类也敢去攻击捕食。一旦猎物被咬伤了，附近的龙虱闻到血腥味就会赶来，一拥而上消灭猎物。

龙虱为什么被称为
"水中杀手"呢

　　龙虱的捕食工具就是它那一对向前突出的有钩状突起的大颚，这对武器，可以随意张合。假如在水中发现了小龙虾，龙虱就会用大颚扎住小龙虾。这时，龙虱会

吐出一种具有强烈的消化能力的
液体，将小龙虾内脏液化成肉汁
后再吸食。

龙虱捕鱼时也很特别，它会将口器刺入鱼的体内吸吮鱼的血液，不管鱼儿怎么摆动，它都会趴在其身上不掉下来。由此可见，龙虱还真是名副其实的"水中杀手"啊！

会伪装的

尺蠖

观察笔记

食物：树叶

居住地：树上

尺蠖(huò)是尺蛾的幼虫，是分布比较广泛的昆虫之一。尺蠖的身体细长，爬行的时候会弯曲成弓形，就像一座桥，所以又被称为步曲虫或者造桥虫。尺蠖是害虫，会危害果树、林木等。

尺蠖在树上爬行时会先收拢尾部，形成拱桥的样子，然后头放松，身子向前放平，就这样一拱一拱地前行。

尺蠖被称为昆虫世界的"伪装大师"，其模拟环境颜色和物体形状的本领非常高，一般的天敌很难识破它的伪装。

尺蠖的天敌主要是寄生蝇、鸟类等。尺蠖为了躲避天敌常常会选择和自身颜色非常接近的树干来栖身，扮成枯枝，附着在树枝上端一动不动，让天敌很难分辨。

红蚂蚁

真是太懒了

观察笔记

食物：甜食等

居住地：接近食物、水源的缝隙中

大家对蚂蚁都不陌生，在很多地方都能见到。但有一种非常懒惰的蚂蚁，一般只有三四毫米长，全身呈淡黄色或红色，它就是红蚂蚁。红蚂蚁的繁殖能力非常强，而且在每个巢穴中都有很多个蚁后。

　　红蚂蚁虽然体形很小，但打起架来却非常厉害。它们还非常懒惰，不愿意出去寻找食物，更不愿意养儿育女。你知道它们懒到什么程度吗？就是将食物放在它们的身旁，它们也懒得去吃。红蚂蚁为了能找到"仆人"，便去抢不同种类的蚂蚁，比如黑蚂蚁，来帮助它做这些工作。

　　每年的六七月份，红蚂蚁就从家里出发了。一般红蚂蚁的队伍可以达到5米多长。它们到处寻找黑蚂蚁，一旦发现目标，带头的红蚂蚁就会停下来，然后后面的红蚂蚁立即蜂拥而上，冲到黑蚂蚁的家里。

经过一场激烈的厮杀，红蚂蚁成为胜利的一方。然后它们用大颚咬住黑蚂蚁的蛹，运回自己的家。用不了多长时间，这些蛹变成成虫之后，就成了给它们干活的"仆人"。

103

猎蝽真的是
白蚁的克星啊

观察笔记

食物：白蚁等小型昆虫的体液

居住地：植物上、树洞里、石缝中

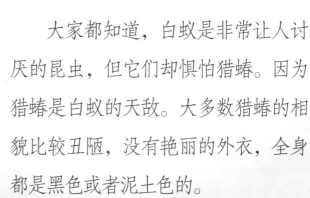

大家都知道，白蚁是非常让人讨厌的昆虫，但它们却惧怕猎蝽。因为猎蝽是白蚁的天敌。大多数猎蝽的相貌比较丑陋，没有艳丽的外衣，全身都是黑色或者泥土色的。

猎蝽主要以一些小昆虫为食，有时会将整只昆虫吸得只剩下一个空壳，所以在昆虫世界中，它有"吸血魔王"的外号。

　　猎蝽有一个
突出的捕食猎物的
本领，那就是伪装
成垃圾去捕食。一
个白蚁群有几十万甚至上百万只白蚁，这
样就会产生一些垃圾。白蚁会将垃圾堆在
一起，定期处理。因为猎蝽的身体颜色和

垃圾比较像，所以它就潜伏在垃圾堆上。当白蚁开始清理垃圾的时候，猎蝽的捕杀行动就开始了。猎蝽身上的一种分泌物能引诱白蚁，白蚁被招引过来，食用这种分泌物后立即就会被麻痹。这时，猎蝽就会将致命的酸性

毒液注入到白蚁的身体中，然后将口器刺入白蚁的体内，吸食其体液。就这样，一只只白蚁就成了猎蝽的美味。正因如此，猎蝽还有了"移动垃圾"的外号。

图书在版编目(CIP)数据

我们的世界大战/纸上魔方编绘.—郑州：海燕出版社，2015.1（2016.7重印）
（我爱昆虫记;8）
ISBN 978-7-5350-5977-2

Ⅰ.①我…　Ⅱ.①纸…　Ⅲ.①昆虫-少儿读物　Ⅳ.①Q96-49

中国版本图书馆CIP数据核字(2014)第237556号

选题策划：	刘 嵩	责任校对：	李红彦
责任编辑：	王 森	责任印制：	邢宏洲
美术编辑：	李岚岚	责任发行：	贾伍民

出版发行： **海燕出版社**

（郑州市北林路16号　邮政编码450008）

发行热线： 0371-65734522
经　　销： 全国新华书店
印　　刷： 深圳市富达泰包装印刷有限公司
开　　本： 16开（787毫米×1092毫米）
印　　张： 7
字　　数： 140千
版　　次： 2015年1月第1版
印　　次： 2016年7月第2次印刷
定　　价： 18.00元